U0886659

中国公共气象服务白皮书

2019

中国公共气象服务

中国气象局

气象出版社
China Meteorological Press

图书在版编目(CIP)数据

中国公共气象服务. 2019 / 中国气象局编. — 北京：气象出版社，2020.7

ISBN 978-7-5029-7225-7

Ⅰ.①中… Ⅱ.①中… Ⅲ.①气象服务-中国-2019 Ⅳ.①P451

中国版本图书馆 CIP 数据核字(2020)第 116806 号

中国公共气象服务 2019

Zhongguo Gonggong Qixiang Fuwu **2019**

出版发行:气象出版社

地　　址:北京市海淀区中关村南大街 46 号　　**邮政编码**:100081

电　　话:010-68407112(总编室)　010-68408042(发行部)

网　　址:http://www.qxcbs.com　　**E-mail**:qxcbs@cma.gov.cn

责任编辑:张锐锐　王凌霄　　**终　　审**:吴晓鹏

责任校对:王丽梅　　**责任技编**:赵相宁

封面设计:吕青璞

印　　刷:北京地大彩印有限公司

开　　本:710 mm×1000 mm　1/16　　**印　　张**:3

字　　数:36 千字

版　　次:2020 年 7 月第 1 版　　**印　　次**:2020 年 7 月第 1 次印刷

定　　价:18.00 元

本书如存在文字不清、漏印以及缺页、倒页、脱页等，请与本社发行部联系调换

前　言

2019 年是中华人民共和国气象事业发展 70 周年。以习近平同志为核心的党中央从实现“两个一百年”奋斗目标和中华民族伟大复兴的战略高度，对新时代气象工作作出重要部署，标志着我国气象事业迈入新的历史发展阶段。

2019 年，在党中央、国务院的坚强领导下，全国气象行业以习近平新时代中国特色社会主义思想为指导，坚决贯彻落实中央领导同志对气象工作的重要指示和批示精神，牢牢把握气象工作关系生命安全、生产发展、生活富裕、生态良好的战略定位，紧紧围绕国家发展和人民需求，始终坚持公共气象服务发展方向，深化气象服务科技内涵，丰富气象服务产品，拓展气象服务领域，努力做到监测精密、预报精准、服务精细；加强重大气象灾害监测预报预警服务，坚守气象防灾减灾第一道防线，为国家重大战略实施、经济社会发展、人民群众生产生活和防灾减灾等提供了有力保障。2019 年，全国公众气象服务满意度为 91.9 分，再创历史新高，气象服务进展明显，效益突出。

目 录

一、天气气候特点

2019 年，我国气温偏高，降水偏多。台风、暴雨洪涝、干旱、强对流、低温冷冻害、雪灾、沙尘暴等气象灾害均偏轻。与近 10 年平均值相比，农作物受灾面积、死亡与失踪人口以及直接经济损失均明显减少。

2019 年，全国平均气温较常年偏高 0.79℃，为 1951 年以来第五暖年；四季气温均偏高，春秋季明显偏暖。全国平均降水量为 645.5 毫米，比常年偏多 2.5%；冬春夏季降水偏多，秋季偏少。六大区域中东北、西北、华南年降水量偏多，华北和长江中下游偏少，西南略偏少；七大流域中松花江、黄河、辽河、珠江流域降水量偏多，淮河和海河流域偏少，长江流域接近常年值。

2019 年，台风生成多，登陆少，强度总体偏弱；暴雨过程多，但暴雨洪涝灾害总体偏轻；高温日数多，区域性特征明显；区域性和阶段性干旱明显，但灾害损失偏轻；强对流天气过程偏少，损失偏轻；低温冷冻害和雪灾显著偏轻；春季北方沙尘天气少，影响偏小。

二、气象防灾减灾

气象防灾减灾第一道防线作用充分发挥。面对全年复杂的天气气候形势，全行业严密监测、准确预报、及时预警，有力应对超强台风“利奇马”和连续性暴雨等重大灾害性天气过程，扎实做好长江中下游、华南地区阶段性干旱气象服务、森林草原防火气象服务，圆满完成贵州水城、浙江永嘉特大山体滑坡等重大突发事件气象保障服务。全年启动省级以上应急响应 240 次，最大限度地减少了人民群众生命财产损失。

重大活动气象服务保障有序有力。高质量保障新中国成立 70 周年庆典活动，组织 49 次国庆天气专题会商，提前 20 天提供较为准确的气候预测，提前 5 天做出准确的天气预报，受到党中央、国务院和相关部委的高度肯定。成功保障第二届“一带一路”国际合作高峰论坛、北京世界园艺博览会、第二届中国国际进口博览会、第七届世界军人运动会、第十一届全国少数民族传统体育运动会、第二届全国青年运动会等多项重大活动。加强北京冬季奥林匹克运动会气象服务准备工作，建立冬奥立体气象观测网，初步建成“分钟级、百米级”的冬奥观测预报服务系统。

预警信息发布能力持续提升。优化升级国家预警信息发布系统，教育部、文化和旅游部两部门首次通过国家预警发布系统发布预警信息，建立全国预警信息立体传播网络，全年面向应急责任人和社会公众发布自然灾害、事故灾难、公共卫生和社会安全等四大类预警信息 27 万余条，累计服务超过 11 亿人次，预警信息公众覆盖率提高至 87.3%。首次推出国家预警发布大数据报告，全国预警信息发布准确率提升至 99.96%，公众对预警服务的满意度达 90.7 分。

气象灾害风险管理服务逐步加强。积极提升气象灾害风险预警能力，国家级中小河流、山洪和地质灾害风险预警产品精细化到关键区域和隐患点。推进台风、暴雨等重大灾害性天气过程的综合评估业务，向决策部门提供灾害强度、影响范围、影响人口以及对水利、交通等行业的影响评估服务，首次发布中国近海大风灾害评估服务产品。完善气象灾害风险管理业务路程，建立气象灾害风险预警国省常态化会商机制和预警准确率评价机制，实现气象灾害风险管理系统的业务化运行，并在全国 11 个省、市应用。

气象防灾减灾强基工程全面开展。全国 1027 个县全面实施基层气象防灾减灾强基行动，开展气象防灾减灾标准化建设，启动全国气象防灾减灾监控平台建设，推进基层防灾减灾信息在国家级平台的汇集和展示。联合应急管理部、中国地震局，持续开展全国综合防灾减灾示范社区的实地检查和评定工作，评定 976 个社区为 2019 年全国综合减灾示范社区。加强气象信息员管理，完善智慧信息员平台功能，通过信息员平台上报灾情信息 14 万余条、转发预警信息 392 万余条、开展线上培训 6 万余次，较 2018 年分别增长 72%，83.3%和 40%。建立基层气象信息员奖励机制，覆盖 20%的基层气象信息员。

气象防灾减灾部门联动合作不断深化。与应急管理部建立应急管理与气象监测预报预警服务联动工作机制和自然灾害风险会商机制，联合调研低温雨雪冰冻灾害风险综合预警工作，共同开展灾害风险调查和重点隐患排查。与生态环境部联合开展空气质量预报和大气污染潜势预测，建立气象条件对大气污染防治效果影响的定量评估业务，提供专题分析报告 13 期，为大气污染精准防治提供支持。联合应急管理部、国家林业和草原局，滚动研判春季、夏季、秋冬季森林火险趋势，制作并发布高森林火险预警 14 期。与水利部海河水利委员会签订《共同推进海河流域水安全战略合作协议》。汛期期间，联合水利部发布山洪灾害气象预警 108 期。联合自然资源部建立地质灾害气象风险会商机制，发布地质灾害气象风险预警 118 期，全国共成功预报地质灾害 945 起，避免人员伤亡 24823 人。

三、国家重大气象服务保障

乡村振兴气象保障稳步推进。印发《乡村振兴气象服务专项计划(2020—2022年)》。“三农”气象服务专项投资2.7亿元支持31个省(区、市)1000多个县(市、区、旗)开展农业气象服务和基层防灾减灾能力建设。气象服务积极融入现代农业“三区三园”和高标准粮田建设,完成全国988个农田小气候站、297个作物实景观测站数据分析应用和服务,累计建成现代农业气象示范田1858块。建立针对基层的智慧农业气象服务手机客户端,用户覆盖全国2000多个县(区、市),直通式农业气象服务覆盖全国近40%的新型农业经营主体。开展气象防灾减灾强基行动,在全国1027个县实施气象防灾减灾标准化建设,推进基层气象灾害预警服务标准化和规范化。

气象助力精准扶贫进展喜人。中国气象局定点帮扶内蒙古突泉县完成脱贫摘帽。通过专项帮扶、引进帮扶、捐助捐物等多种渠道,中国气象局向突泉县累计投入资金1206万元。突泉气象县扶贫工作的内涵进一步丰富,抓党建促扶贫、送医送药、气象助学、特色农产品推荐等创新举措显成效。全面推进行业扶贫,全国共建成764个扶贫气象站,413个观测扶贫公益岗向农户开放,国家级贫困县自动气象观测站乡镇覆盖率提升至98.2%。智慧农业气象服务深度融入贫困地区村域经济发展,22个省119个贫困县开展“气候好产品”评价工作。直通式气象服务惠及贫困地区24万新型农业经营主体,覆盖率达80%。国家级贫困县3A级以上景区实现精细化旅游预报服务全覆盖。

生态文明气象趋利作用成效显著。建立国、省协同的陆地植被生态质量气象监测评估业务,全年为各级政府及有关部门提供决策报告178份;开展荒漠区生态气象监测评估服务,启动全国统一的城市热岛、火情和蓝藻水华卫星遥感监测。全国开展人工影响天气地面作业4.3万余次、飞机作业1200余架次,人工增雨雪覆盖面积约500万平方千米,人工防雹作业保护面积约66万平方千米,圆满完成华北和黄淮地区改善空气质量、西北地区增加湖库蓄水和生态系统修复等任务。实施人工影响天气"耕云"行动计划,开展生态修复型作业,覆盖近四分之三的国家重点生态功能区以及全国近一半的大、中型水库。积极参与全球气候治理,深入推进政府间气候变化专门委员会第六次评估报告中《全球1.5℃增暖》《气候变化中的海洋和冰冻圈》《气候变化与土地》特别报告和《2006年国家温室气体清单指南2019年修订》方法学报告的编写。完成《当前形势下积极应对气候变化的建议》等5份咨询报告,印发2019年气候变化绿皮书、蓝皮书和温室气体公报,持续推动区域气候变化评估,为各级部门开展应对气候变化行动提供科学依据。打造天然氧吧产业生态圈,充分利用文化旅游节等多种形式,为创建地区的旅游文化及绿色健康农产品搭建展示平台。组织安徽黄山、重庆三峡、浙江丽水三地作为试点地区建设国家气象公园。

"一带一路"气象合作持续深入。召开首届风云气象卫星国际用户大会,向全球105个国家和地区提供风云卫星资料和产品,30个国家通过绿色通道快速获取卫星数据。27个国家(新增13个)注册为风云卫星国际防灾减灾应急保障机制用户，全年启动应急保障机制4次。卫星天气应用平台英文版和俄文版上线，为相关国家提供定制产品。派员赴哈萨克斯坦、吉尔吉斯斯坦、蒙古国、泰国、尼泊尔等多个国家开展风云气象卫星技术交流与应用推广。为莫桑比克气象局援助一套风云二号气象卫星用户利用站，为塔吉克斯坦、蒙古国、斯里兰卡等国升级维护卫星广播系统接收站。自主研发的“一带一路”沿线城市天气预报覆盖137个国家和地区，台风预报系统预报范围覆盖海上丝绸之路。建成亚洲区域多灾种预警系统，汇集亚洲区域预警信息、共享服务产品，与“一带一路”60多个国家实现预警信息互联互通。

全球气象服务取得突破。推动世界气象中心（北京）集约化能力和机制建设。世界气象中心（北京）门户网站新增发布全球静止卫星拼图产品、南亚区域产品和海浪模式产品等，天气预报制作系统英文版、高交互全球气象预报服务平台等实现国际用户（老挝）首次应用。研发静止气象卫星全球拼图产品，提升全球监测服务能力。开展中韩、中蒙和中哈沙尘暴联合监测，发挥区域技术辐射作用。与世界气象组织以及泰国、缅甸气象部门共同召开亚洲区域灾害早期预警能力提升研讨会。依托“中国天气”开展全球重点城市、重点景区、重要机场的气象服务，支持全球300万站点、近100种语言的天气信息查询。举办国际短期培训班17期，培训国际学员290人，招收35位中国政府长期奖学金学员。

四、公众气象服务

气象服务公众满意度再创新高。国家统计局调查显示，2019 年气象服务公众满意度为 91.9 分，创历年来新高。公众对天气预报的准确性、气象信息的实用性、气象信息发布的及时性和气象信息接收的便捷性评价分别为 84.2 分、94.2 分、91.7 分和 96.0 分，同比均呈上升趋势，公众气象服务各项评价指标连续 5 年保持增长态势。2019 年，农村气象服务公众满意度为 92.1 分、城市气象服务公众满意度为 91.8 分，城乡满意度差距逐步缩小至 0.3 分。

智慧公众气象服务初现雏形。建立气象服务用户反馈互动机制和基于位置的精细化气象服务体系，在全国开展基于任意位置的气象服务。强化人工智能、大数据的应用，开展用户需求和行为习惯分析。中国天气网建立了基于用户画像、定制信息和应用场景的标签库，为用户提供上下班、户外活动等场景的气象服务产品。“天气管家”APP 基于用户生活轨迹，围绕通勤、差旅等场景和老人和低龄童等人群，智能推送生活参考、风险天气评估等服务信息。上海市气象局、广东省气象局基于订票行程为航线和航空公司会员提供个性化和主动推送的气象服务。

气象服务公众影响力持续提升。天气预报服务和风云气象卫星入选“庆祝中华人民共和国成立 70 周年大型成就展”。组织“壮丽 70

年 奋斗新时代”大型中央媒体走基层看气象活动，60余家（次）媒体走进23个省份，累计报道3000余篇。2019年，公共气象服务信息覆盖全部国家新闻资讯类电视频道和省级卫视，气象信息服务覆盖88%的广播频率、90%的智能手机，覆盖人群超10亿，“两微一端”气象新媒体覆盖人群超7.23亿，直播、微视频等媒体气象服务产品浏览量超3.5亿次。

气象科普活动反响热烈。“3·23”世界气象日、第三届气象科技活动周、“空间天气日”等科普活动精彩纷呈，吸引百万人参加科普活动。中国气象局联合八部门在中国气象局定点扶贫地区内蒙古突泉县开展“气象科技下乡暨科学伴我行”活动。全国气象科普教育基地达346个，中国气象科技展馆对外开放，北京世界园艺博览会生态气象展区累计参观人次逾百万。全国气象科普宣传观摩交流活动首次评出“十大气象科普创客”“十大气象科普优秀作品”“十大优秀科普基地”和“百部气象科普好作品”，5部气象科普作品获评全国优秀科普微视频。2019年，全国平均气象科学知识普及率达到79.95%，较2018年提高2.19%。其中，城市气象科学知识普及率首次超过81%，较2018年提高2.75%。

五、行业气象服务

气象为农服务融入农业生产。春耕春播、夏收夏种、秋收秋种关键农时气象服务有序有效开展。大宗作物长势监测及产量预报覆盖海外15个国家，国内粮食总产预报准确率达99.4%。国家级层面上实现81项5千米分辨率格点农业气象基础产品业务运行，30个省（区、市）研发了精细化、数字化农业气象服务格点产品。与农业农村部联合创建10个特色农业气象服务中心，制订农业气象标准24项，获专利11项、软件著作权19项，研发服务产品近百种。“直通式”服务覆盖全国近百万新型农业经营主体。智慧农业气象服务客户端注册用户达55万，较2018年增长28%。

交通气象服务保障出行安全。打造大交通气象服务格局，联合国铁集团开展川藏铁路规划建设气象风险研究项目，联合公安交通管理部门开展交通天气风险预警，产品实时共享接入“公安交通集成指挥平台”，保障交通管理部门监测研判恶劣天气影响和指挥勤务。与交通运输部建立联合会商、联合开展交通风险研判、联合发布服务产品的“三联合”机制，联合会商49次，发布公路交通气象影响预报材料300余期。联合中国海事局开展航运安全气象保障服务，开展长江航运气象风险预警业务以及内河航运监测预报预警服务。

海洋气象服务向多元发展。印发《海洋气象业务发展三年行动计划》。海洋天气预报覆盖我国责任海区、重点港口和近海主要航线。发展全球远洋气象导航业务，为招商局集团、中国交通建设股份有限公司以及德国、中国香港的多家公司开展定制化远洋气象导航服务，逐步打破远洋气象导航国外垄断的局面。升级浙江舟山、山东石岛、广东茂名、海南三沙等四个国家级海洋气象广播电台，山东石岛和海南三沙海洋气象广播电台实现中英文双语广播并可以随时插播灾害性天气预警信息，广播有效半径为1000千米。

能源气象服务保障气候资源开发利用。形成海陆一体化能源气象服务能力。风能太阳能预报系统服务1054个风电场和太阳能电站。建立全国近20年逐月5千米格点风速数据集，开展高分辨率格点风资源评估服务。太阳能资源服务产品空间分辨率提高到1千米，时间分辨率提升为1小时。建立用电负荷预测模型，为电网调度提供决策依据。电网灾害预警、海上施工运维窗口期预报等实现“快速感知、精准预报、智能服务”。

航空气象保障能力稳步提升。完善航空气象专业化网站，开展北京大兴国际机场、成都天府国际机场等新建枢纽机场航空运行气象条件分析。建成全球航空专业气象服务平台，为机场提供中长期航空保障等专业服务。出台《民用航空气象预报规范》，机场预报准确率达93.08%。开展我国境内238个运输机场1166万架次的飞行保障服务，架次比2018年增长5.2%。民航气象系统发布天气报告49万份、区域预警806份、终端区预警4775份、机场警报9109份，因天气原因启动大面积航班延误应急响应机制（MDRS）预警632次。国家空间天气监测预警中心联合俄罗斯气象局推进ICAO区域空间天气中心建设，建立民航通信产品业务，升级GNSS导航产品业务。

新疆生产建设兵团气象服务保障产业发展。新疆生产建设兵团制作发布各类中长期天气预测信息和重大灾害性、转折性天气预警信息 305 期，专项气象服务信息 450 期、节日期间天气预报 134 期、实时气象报告 233 期，各类气象灾害预警信息 2850 期。为兵团农业气候区划和农业保险服务等提供气象数据服务。通过移动云 MAS 业务平台为手机用户发送 48 小时天气预报；5 个新建兵团城市天气预报实现汉语、维吾尔语、哈萨克语三语播报。84 个团场开展人工影响天气作业，防雹保护区面积约 1.5 万平方千米。

六、气象服务现代化支撑能力

智能观测业务全面发展。地面观测自动化具备全面业务运行条件。不断拓展地球系统多圈层观测，遴选出24个国家气候观象台，覆盖全国13个气候观测关键区，完成1个国家大气本底监测站选址。完成飞机、飞艇和空间天气观测布局设计。研发30余种新观测装备。启动智慧城市气象观测试点，基本建成全国气象观测质量管理体系。出台观测技术发展引领计划。成功举办首届全国“观云识天”人机对抗大赛。

智能预报业务有力发展。西北太平洋台风路径预报处于世界领先水平，暴雨预警准确率达89%，24小时晴雨预报准确率达87.9%，均创历史新高。具备全球10天逐3小时10千米分辨率智能网格预报能力。24小时内智能网格预报间隔由3小时提升到1小时。覆盖全国的3千米分辨率区域数值预报模式投入业务运行。

信息化建设迈出新步伐。开展全国气象信息化发展评估。试点开展集约化业务流程建设，推进核心业务系统融入大数据云平台。启动关键信息基础设施保护工作。国家气象信息中心（中国气象局气象数据中心）被科学技术部、财政部正式认定为国家气象科学数据中心。气象数据在全球数据服务、企业发展及科研创新等方面发挥了重要作用。2019年中国气象数据网累计用户突破30万，涉及29

个主要行业，用户遍布 71 个国家和地区，年访问量超过 1.2 亿人次，通过数据服务接口年数据服务量为 1.17 PB。

科技创新为气象事业发展添动力。数值预报模式、资料融合与再分析、气候预测与气候变化等核心技术攻关取得重要进展。100 多项成果实现业务转化应用，50 余项高校科研成果在气象部门落地，70 项成果获省部级科技奖励。加强核心技术攻关机制和平台建设，启动第二次青藏高原综合科学考察西风—季风协同作用及其环境效应的科考任务，成立气象服务产业技术创新联盟，组建南京气象科技创新研究院等新型机构。

七、气象服务体制机制和法治建设

气象服务创新机制逐步完善。举办第二届智慧气象服务创新大赛，吸引了气象部门以及全国120余家社会企业、140多所高校的1600余组作品参赛，大数据、人工智能、5G技术在气象领域深度应用，实现了科技创新、气象工作与经济社会发展的深度融合，搭建了良好的科技创新生态和创新平台。建立气象服务成果转化和交易机制，推动创新项目与产业实践的有机协同，实现创新成果的转化应用，达成意向成果转化交易额累计3亿元。

气象改革不断深化。积极推进"证照分离"改革，制定气象部门贯彻落实国务院在自由贸易试验区开展"证照分离"改革全覆盖试点实施方案，激发市场主体活力。扎实推进证明事项清理，发布中国气象局公告，明确取消15项由部门规章设定的证明事项。开展气象涉企收费清理整治，不断优化营商环境。完成黑龙江农垦和森林工业系统政府气象行政职能的承接。统筹推进以数据为中心的气象业务技术体制改革。

气象法制和标准化建设持续加强。立足气象事业发展，完成《气象法》立法后评估，推进《气象法》修订。完成4部与贯彻落实"放管服"改革配套衔接的部门规章修订。全国制定和修订了2部气象地方性法规、5部气象地方政府规章。气象部门有1个单位、2名个人分别获全国“七五”普法中期先进集体、先进个人，6 部作品在全国第三届“我与宪法”优秀微视频作品征集展播活动中获奖。组织召开第二次全国气象标准化工作会议，印发《关于进一步深化气象标准化工作改革的意见》，明确新时期推进气象标准化发展的方向和举措。年内发布气象领域的国家标准 12 项、行业标准 74 项、团体标准 9 项，完成 2 个国家级标准化试点示范建设。

气象依法行政水平不断提升。完善防雷安全监管制度，压实防雷安全监管责任。强化气象行政执法监督，印发全面推行行政执法公示制度、执法全过程记录制度和重大执法决定审核制度实施方案及配套“三项办法”。推进气象行政审批网上平台建设，实现 8 项许可事项全部“一网通办”以及与国家政务服务平台的对接。全年各级气象主管机构共办理行政处罚案件 498 件，组织开展“双随机”抽查 28368 次，提出整改意见 7849 份，督促完成整改 7185 宗。

结束语

奋斗铸辉煌，实干出成绩。2020 年是全面建成小康社会和“十三五”规划收官之年，也是脱贫攻坚决战决胜之年，统筹做好各项气象服务工作使命光荣、责任重大。全国气象行业将更加紧密地团结在以习近平同志为核心的党中央周围，深刻领会习近平总书记关于新时代气象事业发展的战略定位，牢牢把握新时代气象事业发展的历史使命，始终坚持以人民为中心的发展思想，积极融入经济社会发展，融入国家重大战略，融入各行各业，加快科技创新，做到监测精密、预报精准、服务精细，推动气象事业高质量发展，发挥气象防灾减灾第一道防线作用，提升气象服务保障生命安全、生产发展、生活富裕、生态良好的质量和效益，加快推进气象强国建设，为奋力夺取全面建成小康社会的伟大胜利提供有力气象保障。

附　录

国家级气象信息主要获取渠道

1. 中国天气网:http://www.weather.com.cn

2. 中国天气频道:http://www.weathertv.cn

3. 中国气象网:http://www.cma.gov.cn

4. 中国天气通:http://3g.weather.com.cn

5. 国家突发事件预警信息发布网:http://www.12379.cn

6. 中央广播电视总台新闻联播天气预报

7. 中国气象数据网:http://data.cma.cn

8. 全国气象服务热线电话:4006000121